Sitzungsberichte
der Heidelberger Akademie der Wissenschaften
Mathematisch-naturwissenschaftliche Klasse
Jahrgang 1931. 11. Abhandlung

Beiträge zum Oberrheinischen Fossilkatalog Nr. 7

Revision der Fischfauna des Septarientones von Wiesloch bei Heidelberg

von

Wilhelm Weiler
Worms

Vorgelegt von Wilhelm Salomon-Calvi
am 1. Dezember 1931

Berlin und Leipzig 1931
Walter de Gruyter & Co.
vormals G. J. Göschen'sche Verlagshandlung / J. Guttentag, Verlagsbuchhandlung / Georg Reimer / Karl J. Trübner / Veit & Comp.

Nach den Fortschritten, die in der Erforschung der mitteloligozänen Fischfauna des Oberrheingebietes in den letzten Jahren erzielt wurden, war es wünschenswert, die Fischreste aus dem Septarienton von Wiesloch, die bereits von Wagner-Klett im Jahre 1919 bearbeitet wurden, einer Nachprüfung zu unterziehen. Herrn Geheimrat Prof. Dr. Salomon-Calvi, der zu diesem Zweck mir das gesamte im Heidelberger geologischen Institut befindliche Material zur Untersuchung anvertraute, danke ich für dieses Entgegenkommen recht herzlich.

Worms, im November 1931.

Archiv-Nr. 52 04 32

Druck von Walter de Gruyter & Co., Berlin W 10

Ordnung Plagiostomia.

1. *Notidanus* (? *Notorhynchus*) *primigenius* Ag.

WAGNER-KLETT 1919 (als *N. serratissimus*).

Fig. 1.

Der abgebildete Zahn zeigt vorn drei winzige Zähnchen und dahinter fünf Hauptzacken, die nach rückwärts allmählich an Länge abnehmen. Alle Zacken sind distal leicht nach hinten gekrümmt. Aus der Tatsache, daß der erste von den folgenden nicht abgespreizt ist und sie auch an Länge nicht auffallend überragt, ergibt sich, daß der in Frage stehende Zahn einen hinteren Lateralzahn des Unterkiefers darstellt.

Fundschicht F.[1])

2. *Odontaspis cuspidata* Ag.

WAGNER-KLETT 1919 (als *O. cuspidata* u. *denticulata*).

Es liegen von dieser im Alttertiär so häufigen Art Zähne aus den verschiedensten Regionen des Ober- und Unterkiefers vor.

Fundschicht D, E, F.

3. *Odontaspis acutissima* Ag.

WAGNER-KLETT 1919 (als *O. contortidens* u. cf. *dubia*).

Zähne aus verschiedenen Kieferabschnitten.

Fundschicht C, D, E.

4. *Lamna rupeliensis* Le Hon.

WAGNER-KLETT 1919 (als *O. denticulata*).

Fig. 12, 13.

Es liegen Zähne aus dem Ober- und Unterkiefer vor. Der in Fig. 13 wiedergegebene Oberkieferzahn ist unvollständig erhalten, ihm fehlen vor allem große Teile der Wurzel, während die aus dem Unterkiefer stammenden Zähne (Fig. 12) vollständig sind.

Bei allen Zähnen ist die Krone sehr stark abgeplattet, außen

---

[1]) Fundschichtangabe nach WAGNER-KLETT 1919.

fast flach und mit schneidenden Rändern versehen. Nach der Basis zu erweitert sie sich ganz regelmäßig. Während bei den unteren Zähnen die Krone gerade auf der Wurzel steht und distal eine leichte Krümmung nach innen zeigt, ist sie bei den oberen etwas nach rückwärts umgelegt und an der Spitze schwächer nach innen gebogen. Die Wurzel ist sehr kräftig entwickelt, ebenfalls stark abgeplattet und innen mit einer nur schwach entwickelten Nährrinne versehen. Ihre Oberkante trägt links und rechts je einen stumpfen breiten Nebenzahn, der bei den oberen Zähnen etwas schwächer ausgebildet ist.

Bei allen Zähnen handelt es sich um Lateralzähne, und zwar stammt der Oberkieferzahn (Fig. 13) sehr wahrscheinlich aus der ersten Querreihe unmittelbar hinter den Zwischenzähnen, während der Unterkieferzahn (Fig. 12) etwas weiter rückwärts stand.

Fundschicht D, E.

5. *Carcharodon angustidens* Ag.

WAGNER-KLETT 1919, S. 11, Abb. A, B i. Text (als *C. turgidus*).

Von dieser Art hat bereits WAGNER-KLETT einen Zahn abgebildet (1919, Fig. A, B i. Text), allerdings unter dem Namen *Carcharodon turgidus*. Außerdem liegt noch eine Reihe weiterer mehr oder weniger vollständig erhaltener Zähne dieser Art aus dem Ober- und Unterkiefer vor.

Fundschicht E, F.

6. *Carcharodon angustidens* var. *turgidus* Ag.

WAGNER-KLETT 1919 (als *C. angustidens*).

Fig. 15.

Von dieser Art liegt nur ein unvollständiger oberer Lateralzahn vor, der sich durch seine breitere Krone sofort von den Zähnen der vorhergenannten Art unterscheidet.

Fundschicht E.

7. *Vulpecula exigua* (Probst).

WAGNER-KLETT 1919 (als *Prionodon etruscus* [2])).

Fig. 2, 3.

Vier Zähne von geringer Größe. Ihre ziemlich schlanke Krone ist außen, besonders aber innen an der Basis stark gewölbt. Die

[2]) WAGNER-KLETT schreibt irrtümlich *Pronodon*.

Ränder sind schneidend scharf, werden aber nach unten zu abgerundet. Bei einem Zahn (Fig. 3) ist die Krone s-förmig verzerrt, bei den andern an der Spitze einfach nach hinten gebogen.

Die kräftige, halbkreisförmige Wurzel ist innen unmittelbar unter dem Schmelz auffallend verdickt und an dieser Stelle von einem schlichten Nährkanal durchzogen.

Alle Zähne stellen Oberkieferzähne der im belgischen Rupelton häufigen Art *Vulpecula exigua* vor, die auch im Mainzer Becken nachgewiesen ist. Der in Fig. 3 dargestellte ist ein Vorderzahn, während die übrigen Lateralzähne darstellen.

Fundschicht D.

8. *Vulpecula latidens* (Ler.)

Wagner-Klett 1919 (als *Prionodon etruscus*).

Fig. 4. 5.

Von dieser Art liegen drei Zähne vor. Sie sind ziemlich komprimiert. Ihre Krone verbreitert sich nach unten zu rasch, und ihre Ränder bleiben immer scharf. Die Außenseite ist fast eben, die Innenseite mäßig gewölbt. Die innen etwas verdickte Wurzel ist weit gespreizt, der Nährkanal auf der Innenseite recht flach.

Bei dem einen etwas größeren Zahn (Fig. 4) ist die Krone plumper als bei den anderen, sein Vorderrand außerdem schwach konvex. Es handelt sich um einen oberen Lateralzahn, während die übrigen höchstwahrscheinlich Lateralzähne des Unterkiefers darstellen.

Fundschicht: D.

9. *Cetorhinus* aff. *parvus* Ler.

Wagner-Klett 1919 (als Selachierschuppen).

Fig. 18.

Von Reusenzähnen der Gattung *Cetorhinus* ist leider nur die verbreiterte sichelartige Anheftungsfläche erhalten. Ihre Formähnlichkeit mit den aus dem belgischen Rupelton und dem Mainzer Becken als *Cetorhinus parvus* beschriebenen Reusenzähnen ist außerordentlich groß. Höchstwahrscheinlich stammen sie von der gleichen Art.

Fundschicht E u. F.

10. *Squalus alsaticus* (Andr.).

Von dieser im Elsaß und dem Mainzer Becken vorkommenden Art liegen drei Zähnchen vor.

Fundschicht F.

11. *Eugaleus latus* (Storms).

WAGNER-KLETT 1919 (als *Scoliodon distortus*).

Fig. 6, 7.

Der in Fig. 6 abgebildete Zahn zeigt eine scharf zugespitzte, dreieckige und ziemlich stark nach rückwärts umgelegte Krone. Sie ist außen fast flach, innen mäßig gewölbt und mit schneidenden Rändern versehen. Ihr Vorderrand ist an der Basis mit unregelmäßigen Zähnchen besetzt, der Hinterrand über der zugehörigen Wurzelhälfte mit 4 bzw. 6 Zähnchen, die anfangs von einer gewissen Stärke sind, aber nach rückwärts allmählich kleiner werden. Die Wnrzel ist sehr gestreckt, mit einer breiten, abgeflachten Anheftungsfläche auf der Innenseite, die durch den Nährkanal halbiert wird.

Bei einem leider beschädigten Zahn ist die Krone schlanker und nicht so stark nach hinten geneigt, wie bei den soeben beschriebenen. Außerdem ist die Wurzel innen etwas dicker. Dieser Unterschied ist darauf zurückzuführen, daß der Zahn aus der Seitenpartie des Unterkiefers stammt, während die anderen obere Lateralzähne von *Eugaleus latus* darstellen. Zur gleichen Art gehört auch der in Fig. 7 wiedergegebene, aus der hintersten Partie des Unterkiefers stammende Zahn.

Fundschicht D.

12. *Galeocerdo* sp.

WAGNER-KLETT 1919 (als *G. aduncus var.*).

Fig. 21.

Es handelt sich um einen unvollständigen, etwas abgerollten Zahn von ziemlicher Grö e. Seine Krone ist breit, nach rückwärts umgelegt. Im basalen Abschnitt zeigt die Vorderkante einige Zähnchen. Die Außenseite der Krone ist schwach, die Innenseite stark gewölbt. Von der Zahnwurzel fehlt das meiste. Sie ist ziemlich komprimiert, außen flach, innen nur mäßig verdickt.

In mancher Hinsicht erinnert der Zahn an die im Mainzer Becken vertretene Art *Galeocerdo medius* Wittich (WITTICH 1898), unterscheidet sich aber von ihr durch bedeutendere Größe und die viel weniger nach rückwärts gekrümmte Krone. Vielleicht handelt es sich um eine für das Mitteloligozän des Oberrheingebietes neue Art.

Fundschicht E.

13. *Rhina angeloides* (v. Ben.).

WAGNER-KLETT 1919 (als *Squatina* cf. *fraasi*).

Fig. 8, 9.

Beide bis jetzt gefundene Zähne der Gattung *Rhina* zeigen eine sich allmählich zuspitzende Krone mit stark gewölbter Innen- und Außenseite, die bei den kleineren etwas stärker nach hinten umgelegt ist. Die Wurzel des größeren Zahnes ist außerdem ziemlich kurz und gedrungen, während sie bei den anderen nach vorn und hinten lang ausgezogen erscheint.

Die Ähnlichkeit der beschriebenen Zähne mit den aus dem Oberrheingebiet als *Rhina angeloides* (LERICHE 1927) bzw. als *Rhina* aff. *angeloides* (WEILER 1928) beschriebenen Zähnen ist so groß, daß eine artliche Abtrennung unmöglich erscheint.

Wahrscheinlich stammt auch der in Fig. 9 abgebildete *Rhina*-Wirbel zu der nämlichen Art.

Fundschicht D u. F.

14. *Myliobates* sp.

Ein kleines, nicht näher bestimmbares Bruchstück einer Zahnleiste.

Fundstelle D.

Teleostomi.

15. *Clupea longimana* (Heckel).

WAGNER-KLETT als *Meletta longimana*, *Meletta crenata*, *Meletta* cf. *sardinites*.

Einige meist schlecht und unvollständig erhaltene Abdrücke.

Fundschicht B, C, F.

16. *Cybium lingulatum* (H. v. M.).

WAGNER-KLETT 1919 (als *Sphyraenodon priscus*).

Fig. 10, 14, 16.

Es handelt sich um einzelne, z. T. beschädigte Zähne von breit dreieckiger Form, die aber mitunter auch etwas schlanker sein können, und deren Krone besonders bei den schmäleren Zähnen leicht nach innen gekrümmt ist. Die Ränder sind scharf und an der Basis innen und außen durch eine von unten aufsteigende seichte Furche von dem übrigen Zahn abgesetzt. Auf der Mitte der Außenseite bemerkt man bei einigen außerdem dicht über der Wurzel eine flache Einsenkung und mitunter eine sehr feine Längsstreifung.

Die Zähne zeigen völlige Übereinstimmung mit den als *Cybium lingulatum* bezeichneten Resten aus dem Mainzer Becken. *Cybium lingulatum* ist, nach dem aus dem Meeressand des Mainzer Beckens bekannt gewordenen Dentale (WEILER 1922, S. 46, Taf. 2, Fig. 21) zu urteilen, höchstwahrscheinlich mit *Cybium dumonti* (Leriche 1910, S. 306, Taf. 21, Fig. 1—3, Fig. 99—103 i. T.) ident. Nach dem Prioritätsgesetz hat dann der von H. v. Meyer gegebene Name das Vorrecht.

Fundschicht C u. D.

17. ?*Scombramphodon* sp.

Fig. 20.

Vielleicht gehört zu dieser auch im Septarienton des Mainzer Beckens vertretenen Gattung (WEILER 1930) ein kleines Zähnchen mit konischer Krone, deren Spitze stark einwärts gekrümmt ist. Die Oberfläche ist glatt.

Ganz ähnlich gestaltete Zähnchen kommen bei *Scombramphodon benedeni* vor, vornehmlich in der inneren Zahnreihe des Dentale.

Fundschicht D.

18. *Trichiurides delheidi* Ler.

WAGNER-KLETT 1919, S. 11, Abb. i. Text (als *Tr. sagittidens*).

Fig. 11, 17.

Zu *Trichiurides delheidi* gehören außer dem von WAGNER-KLETT 1919, S. 111, Textfig. abgebildeten Zahn vielleicht auch 2 im Vergleich zur Größe der bis jetzt bekannt gewordenen Zähne dieser Art als recht klein zu bezeichnende Kieferzähne. Beide tragen die bei *Trichiurides* vorkommende dreieckige Schmelzkappe. Aber die Krone ist bei dem größeren von beiden schwach, bei dem kleineren sehr stark nach hinten umgelegt und dabei seitlich zusammengepreßt, besonders an der Rückkante. Vorder- und Hinterrand sind mit einer nicht scharfen Kante versehen, die aber vorn nach der Basis zu rasch verschwindet.

Alle Zähne, die man von *Trichiurides delheidi* bis jetzt kennt, sind Vorderzähne der Praemaxille und des Dentale mit geraden und kaum zusammengepreßten Kronen (LERICHE 1910, S. 330, Taf. 25, Fig. 1—2), während die oben beschriebenen Zähne ganz den Eindruck machen, als stammten sie aus dem hintersten Kieferabschnitt.

Fundschicht F.

19. *Lepidopus* sp.

Vergleiche WAGNER-KLETT 1919, S. 111, Fig. i. T. Einzelne Zähne.

Fundschicht D, F.

20. *Sarda* sp.

WAGNER-KLETT 1919 (als *Lethrinus* sp.).

Fig. 19.

Die zu dieser Gattung gestellten Wirbel stammen aus dem Schlußabschnitt der Wirbelsäule dicht vor der Hypuralplatte. Der vordere Wirbel ist ungefähr so lang wie hoch und zeigt 2 durch einen Längskiel getrennte seitliche Gruben. Der darauf folgende Wirbel ist sehr kurz, obere und untere Seitengrube klein und seicht. Bei beiden Wirbeln sind die abgeplatteten Hämal- und Neuralbögen sehr stark nach hinten umgelegt.

Genau dieselben Wirbel wurden aus dem Septarienton des Mainzer Beckens als *Sarda* sp. beschrieben (WEILER 1928, S. 24, Taf. 2, Fig. 8).

Fundschicht C, D.

21. *Amphisile heinrichi* Heckel.

Vergleiche hierzu Wagner-Klett 1919, S. 111.

Fundschicht D.

Ergebnisse.

Im folgenden sind alle im Septarienton von Wiesloch vorkommenden Arten aufgezählt.

Notidanus primigenius.
Odontaspis cuspidata.
Odontaspis acutissima.
Lamna rupeliensis.
Carcharodon angustidens.
Carcharodon angustidens var. *turgidus.*
Cetorhinus aff. *parvus.*
Vulpecula latidens.
Vulpecula exigua.
Squalus alsaticus.
Eugaleus latus.
Galeocerdo sp.

Rhina angeloides.
Myliobatis sp.
Clupea longimana.
Cybium lingulatum.
Scombramphodon sp.
Trichiurides delheidi.
Lepidopus sp.
Sarda sp.
Amphisile heinrichi.

Nicht bestimmbar waren die Fragmente, die WAGNER-KLETT in seiner Arbeit vom Jahre 1919 als *Pagrus lepsii, Paralates* sp. und *Trachinus* sp. aufzählt.

Die Fischfauna aus dem Septarienton von Wiesloch ist rein marin. Sie deckt sich in dieser Hinsicht völlig mit den aus den gleichen Ablagerungen bekannt gewordenen Fischfaunen des Elsaß (FÖRSTER 1913), von Basel (LERICHE 1927) und des Mainzer Beckens (WEILER 1928). Nach ZOTZ dagegen (1928) sollen in den typischen Fischschiefern bei Buggingen ausgesprochene Süßwasserformen vorkommen. Bei der Abfassung des Oberrheinischen Fossilkatalogs habe ich bereits darauf hingewiesen, daß diese Angaben sehr mit Vorsicht aufzunehmen sind. Was ZOTZ z. B. als *Esox* sp. beschreibt (1928, S. 9, Taf. 11), ist der generisch nicht bestimmbare Überrest eines Gadiden, während der als neue Art beschriebene *Brychaetus schnarrenbergeri* wahrscheinlich zu den Scombriden zu stellen ist.

Die Fauna stimmt weitgehend mit der mitteloligozänen Fischfauna des Oberrheingebietes (Septarienton) und des belgischen Rupeltones überein (Tabelle I). Den belgischen Ablagerungen fremd sind nur *Amphisile heinrichi* und *Clupea crenata*, also mediterrane Formen, die, wie bereits früher dargelegt wurde (WEILER 1928), über das Mainzer Becken nicht weiter nach Norden vorgedrungen sind.

Wichtig ist, daß bei Wiesloch die bisher nur aus Belgien bekannte Art *Vulpecula latidens* zum erstenmal auch im Oberrheingebiet nachgewiesen ist, ein Beweis dafür, daß die Fischfauna des Mainzer Beckens im weitesten Sinne noch immer nicht vollständig bekannt ist. Dafür spricht auch der leider unvollständige, zur Gattung *Galeocerdo* gestellte Zahn, der sehr wahrscheinlich eine neue Art vorstellt.

Was die Tiefe des Meeres betrifft, in dem der Septarienton von Wiesloch zum Absatz kam, so kann sie nur verhältnismäßig gering gewesen sein, ähnlich wie in jenen Abteilungen des Septarientones im Oberrheingebiet, die ebenfalls Fische geliefert haben. Denn hier wie dort trägt die Fischfauna vorwiegend litorales Gepräge (Tabelle II A).

Dem Anpassungstyp nach herrschen die nektonischen Formen vor. Benthonische (*Rhina*) und planktonische (*Amphisile*) Formen spielen kaum eine Rolle (Tabelle II B).

In klimatischer Hinsicht spricht die Fischfauna von Wiesloch, wie aus der Tabelle II C sich ergibt, für ein subtropisches Klima. Dieses Ergebnis deckt sich mit bereits früher gemachten Feststellungen über das mitteloligozäne Klima im Oberrheingebiet (Weiler 1928).

Tabelle I.

Geographische Verbreitung der Arten von Wiesloch.

	Mainzer Becken					
	Meeressand	Septarienton	Baden	Elsaß	Basel	Belgien
Notidanus primigenius	+	+			+	+
Odontaspis cuspidata	+	+	+	+	+	+
Odontaspis acutissima	+	+	+	+	+	+
Lamna rupeliensis	+	+			+	+
Carcharodon angustidens	+				+	+
Carcharodon angustidens var. turgidus	+					+
Cetorhinus aff. parvus	+	+	+	+	+	+
Vulpecula exigua		+				+
Vulpecula latidens						+
Squalus alsaticus		+		+		
Eugaleus latus	+	+			+	+
Rhina angeloides	+	+			+	+
Clupea longimana		+	+	+	+	
Cybium lingulatum	+	+				+
Trichiurides delheidi	+	+				+
Amphisile heinrichi		+	+	+	+	

Tabelle II.

	A			B			C		
	Lebensraum			Anpassungstyp			Klimazonen		
	Litoral	pelagisch	abyssal	Plankton	Nekton	Benthos	tropisch	gemäßigt	kalt
Notidanus .	+				+		+	+	
Odontaspis .	+	+			+		+	+	
Carcharodon	+	+			+		+		
Lamna	+	+			+		+		
Cetorhinus..	+	+			+			+	+
Vulpecula .	+	+			+		+	+	
Squalus ...	+	+			+		+	+	
Eugaleus ..	+				+		+	+	
Galeocerdo .	+	+			+		+	+	+
Rhina......	+					+	+	+	
Myliobatis .	+	+				+	+	+	
Clupea	+	+			+		+	+	+
Cybium	+	+			+		+	+	
Lepidopus .		+	+		+		+	+	
Sarda	+	+			+		+	+	
Amphisile ..	+			+			+		

Zusammenfassung.

1. Die Fischfauna des Wieslocher Septarientones stimmt weitgehend mit der mitteloligozänen Fischfauna des Oberrheingebietes und des belgischen Septarientones überein.
2. Für das Oberrheingebiet neu ist die bisher nur aus dem belgischen Rupelton bekannte Art *Vulpecula latidens*, vielleicht auch ein als *Galeocerdo* beschriebener unvollständiger Zahn.
3. Die Fischfauna des Wieslocher Septarientones trägt vorwiegend litorales Gepräge und spricht für ein subtropisches Klima. Unter ihren Arten herrscht der nektonische Typ vor, während die benthonischen und planktonischen Arten sehr zurück treten.
4. Die Fischfauna ist rein marin und stimmt in dieser Hinsicht mit den anderen gleichalterigen Faunen des Oberrheingebietes überein. Bei den aus den Fischschiefern von Buggingen beschriebenen Süßwasserformen handelt es sich mit größter Wahrscheinlichkeit um falsch bestimmte marine Arten.

Verzeichnis der wichtigsten Schriften.

1892. ANDREAE: Weitere Beiträge zur Kenntnis des Oligozäns im Elsaß. Mitt. Geol. L. Anst. Els.-Lothr. 3. Straßburg.

1913. FÖRSTER: Die Versteinerungen aus den Tiefbohrungen auf Kali im Oligozän des Oberelsaß. Mitt. Geol. L. Anst. Els.-Lothr. 8. Straßburg.

1910. LERICHE: Les poissons oligocènes de la Belgique. Mém. Mus. roy. d'hist. nat. de Belgique. 5. Brüssel.

1927. LERICHE: Les poissons de la Molasse suisse. Mém. Soc. pal. suisse. 46–47. Genf.

1919. WAGNER-KLETT: Das Tertiär von Wiesloch in Baden, ein Beitrag zu seiner tektonischen, stratigraphischen und palaeontologischen Kenntnis. Jahresber. u. Mitt. Oberrh. geol. Ver. 8. Stuttgart.

1922. WEILER: Beiträge zur Kenntnis der Fische des Mainzer Beckens. I. Abh. Hess. geol. L.-Anst. 6. Worms.

1928. WEILER: Beiträge zur Kenntnis der tertiären Fische des Mainzer Beckens. II. Loc. cit. 8. Darmstadt.

1930. WEILER: Scombramphodon benedeni St. aus dem Septarienton des Mainzer Beckens. Notizbl. Ver. Erdk. Darmstadt.

1898. WITTICH: Über neue Fische aus dem mitteloligozänen Meeressand des Mainzer Beckens. Notizbl. Ver. Erdk. Darmstadt.

1928. ZOTZ: Die Fischreste aus den typischen Fischschiefern der Kaliwerke Buggingen. Abh. bad. Geol. L.-Anst. Freiburg Br.

Erklärung der Abbildungen.

Fig. 1. *Notidanus* (? *Notorhynchus*) *primigenius*. Hinterer Lateralzahn des Unterkiefers. 1 : 1.
Fig. 2. *Vulpecula exigua*. Oberer Lateralzahn. 1 : 1.
Fig. 3. *Vulpecula exigua*. Oberer Vorderzahn. 1 : 1.
Fig. 4. *Vulpecula latidens*. Oberer Lateralzahn. 1 : 1.
Fig. 5. *Vulpecula latidens*. Unterer Lateralzahn. 1 : 1.
Fig. 6. *Eugaleus latus*. Oberer Lateralzahn. 1 : 1.
Fig. 7. *Eugaleus latus*. Hinterer unterer Lateralzahn. 1 : 1.
Fig. 8. *Rhina angeloides*. Lateralzahn. 1 : 1.
Fig. 9. *Rhina ?angeloides*. Wirbel von vorn. 1 : 1.
Fig. 10. *Cybium lingulatum*. Lateralzahn. 1 : 1.
Fig. 11. *Trichiurides delheidi*. Zahn aus der hinteren Kieferpartie. 1 : 1.
Fig. 12. *Lamna rupeliensis*. Unterer Lateralzahn. 1 : 1.
Fig. 13. *Lamna rupeliensis*. Oberer Lateralzahn. 1 : 1.
Fig. 14. *Cybium lingulatum*. Lateralzahn, *a*) von der Fläche, b) von der Kante gesehen. 1 : 1.
Fig. 15. *Carcharodon angustidens* var. *turgidus*. Oberer Lateralzahn von der Fläche. 1 : 1.
Fig. 16. *Cybium lingulatum*. Lateralzahn, a) von innen, b) von außen gesehen. 1 : 1.
Fig. 17. *Trichiurides delheidi*. Hinterer Lateralzahn. 1 : 1.
Fig. 18. *Cetorhinus* aff. *parvus*. Proximaler Abschnitt eines Reusenzahnes 1 : 1.
Fig. 19. *Sarda* sp. Wirbel aus dem hintersten Abschnitt der Wirbelsäule. 1 : 1.
Fig. 20. ?*Scombramphodon* sp. Zahn aus der inneren Zahnreihe des Unterkiefers. 1 : 1.
Fig. 21. *Galeocerdo* sp. Lateralzahn. 1 : 1.

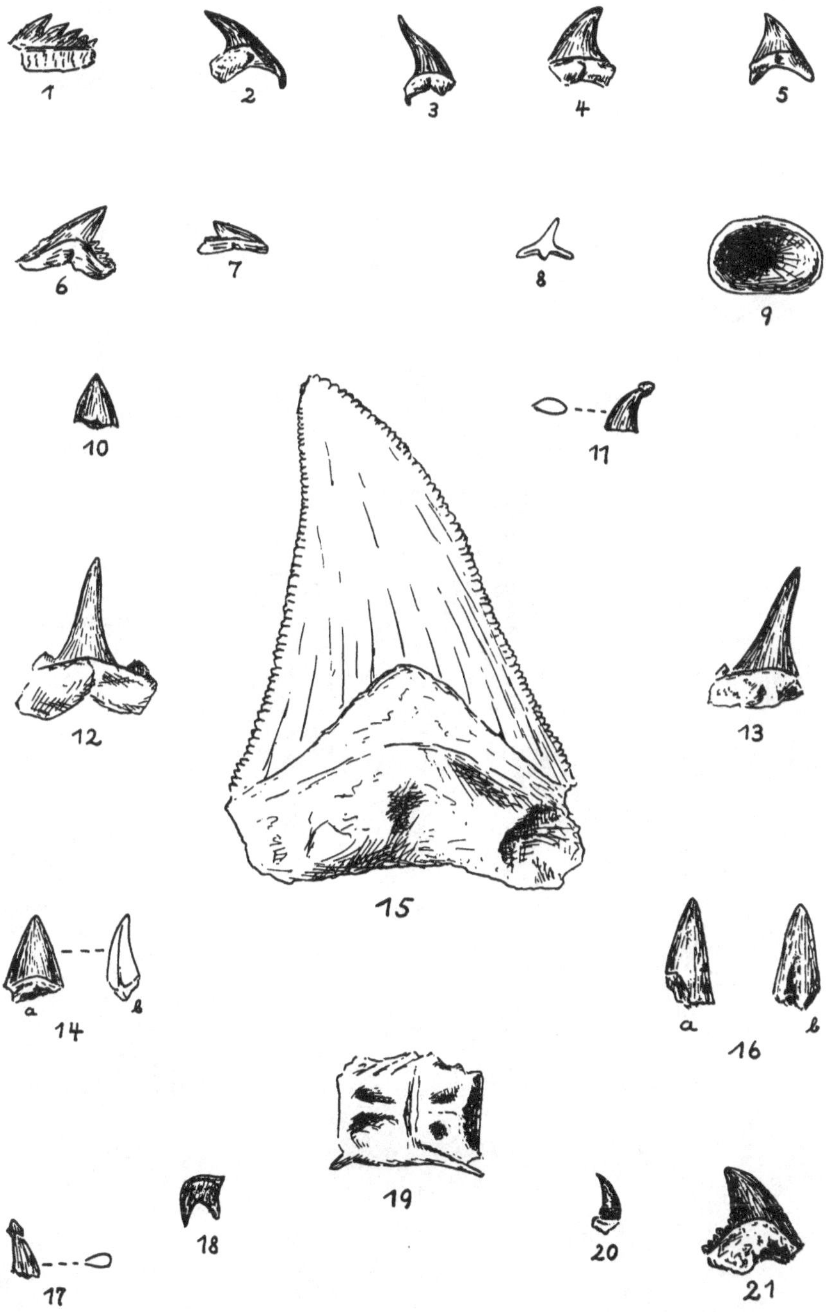
1
2
3
4
5
6
7
8
9
10
11
12
13
14
a
b
15
16
a
b
17
18
19
20
21

Kolibri 360 GmbH
Ferdinand-Jühlke-Straße 7
99095 Erfurt, Deutschland
produktsicherheit@kolibri360.de